L.-H. LABANDE.

FÊTES ET RÉJOUISSANCES D'AUTREFOIS.

ENTRÉE

DE

MARIE DE MÉDICIS

A AVIGNON

(19 novembre 1600).

AVIGNON

SEGUIN FRÈRES, IMPRIMEURS-ÉDITEURS

13, rue Bouquerie, 13

—

1893

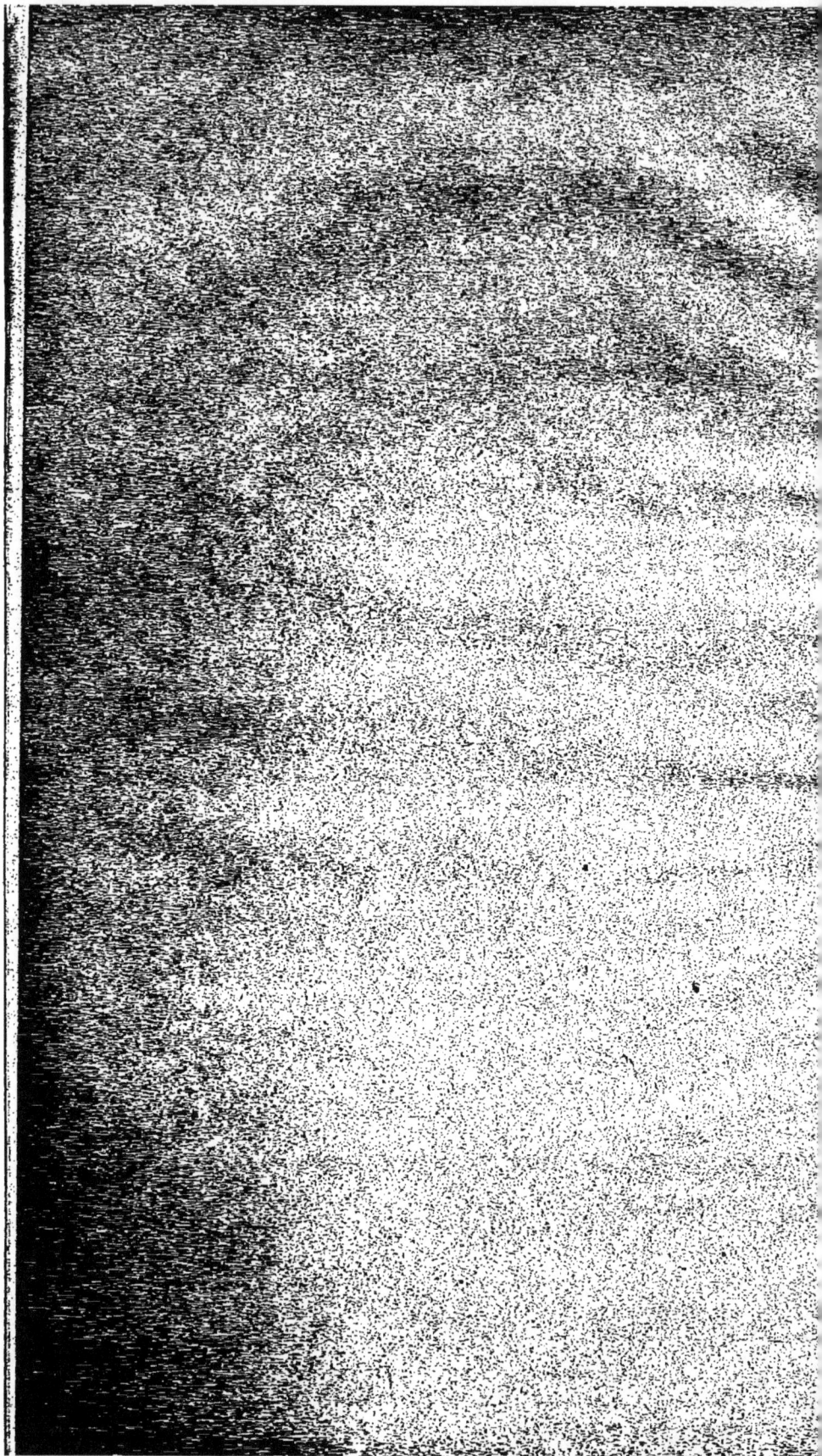

L.-H. LABANDE.

FÊTES ET RÉJOUISSANCES D'AUTREFOIS.

ENTRÉE

DE

MARIE DE MÉDICIS

A AVIGNON

(19 novembre 1600).

AVIGNON

SEGUIN FRÈRES, IMPRIMEURS-ÉDITEURS
13, rue Bouquerie, 13

—

1893

ENTRÉE DE MARIE DE MÉDICIS

A Avignon.

(19 novembre 1600.)

Depuis Louis XI et François Ier, les Avignonais placés en droit sous l'autorité pontificale, mais en fait presque indépendants, ne manquaient aucune occasion de témoigner toute leur sympathie aux Français, leurs voisins. Il est certain qu'à cette époque leur cœur était véritablement français ; il faut dire aussi que nos rois avaient eu soin de se les attacher par de nombreuses faveurs : le privilège de régnicoles entre autres leur procurait en France les mêmes droits qu'aux nationaux eux-mêmes.

Henri IV, continuant l'habile politique de ses prédécesseurs, eut bien soin de confirmer leurs libéralités; aussi une délégation lui fut-elle envoyée d'Avignon le 1er août 1600, pour le remercier et pour l'assurer de l'affection des habitants. Le 10 du même mois, le roi annonça aux consuls qu'il viendrait dans leur ville, en se rendant au devant de Marie de Médicis, que Monsieur le grand écuyer, Monseigneur le chancelier et M. Dufresne, secrétaire d'État, allaient chercher en Italie pour être la reine de France. Cette nouvelle répandit la joie en Avignon, et pour commencer, on fit de grands présents de confitures et de flambeaux de cire blanche aux messagers du roi.

Dès le 4 octobre, on se préoccupa des préparatifs pour la réception de Leurs Majestés, et le conseil de ville chargea les Jésuites de dresser un plan de cérémonie. C'était la seconde fois que les Pères de la compagnie de Jésus étaient requis pour une pareille mission ; mais dans cette circonstance ils voulurent se surpasser. Le motif est facile à trouver. Ils avaient été depuis quelques années bannis de France, et s'étaient réfugiés en partie à Avignon. Quoique le nombre des élèves de leur collège fût dans cette dernière ville de près de 1,600, ils n'en désiraient pas moins rentrer en faveur auprès du roi et obtenir la levée de l'interdiction du territoire français. L'occasion était donc trop bonne pour ne pas se distinger par leur zèle pour la maison du roi très chrétien.

Oh ! comme l'influence des idées du moment se fit alors sentir! C'était l'époque où, poussant à l'extrême l'esprit de la Renaissance, les délicats et les raffinés ne trouvaient rien de mieux que d'imiter l'antiquité. Il fallut donc chercher dans l'histoire ancienne quelque personnage fameux, dont les exploits pouvaient être comparés à ceux d'Henri IV. Ce fut Hercule que l'on choisit, et les sept travaux d'Hercule servirent de thème pour les illustrations des cérémonies.

Le choix de ce sujet était relativement heureux. D'après des légendes alors acceptées avec une confiance admirable, Hercule n'avait-il pas été le fondateur de la maison royale de Navarre? Il est vrai que les érudits de l'époque faisaient descendre les rois de France de Francon, fils d'Hector, le fameux héros troyen. Ensuite, Avignon n'était-elle pas la ville septénaire par excellence ? D'abord, son nom était composé de sept lettres ; puis, ne possédait-elle pas sept paroisses, sept couvents anciens d'hommes, sept monastères de femmes, sept hôpitaux, sept palais, sept collèges, sept portes, sept papes, etc. Henri IV lui-même avait alors 49 ans,

7 fois 7 ; il était le soixante-troisième roi de France, 9 fois 7 ; le septième de son siècle ; ses principales batailles avaient été gagnées les 14 mars et 21 septembre ; il avait été sacré roi le 27 février. Marie de Médicis avait 27 ans ; elle était petite-fille de l'empereur Ferdinand VII. A l'exemple du jésuite Valadier, je pourrais continuer indéfiniment ces remarques ; mais cela ne suffit-il pas pour montrer que l'idée était bonne, étant donné le goût de ce temps, de choisir comme sujet les sept travaux d'Hercule, le héros de Thèbes aux sept portes ?

Aussi, on conçut le projet d'élever, en l'honneur du roi et de la reine, sept arcs triomphaux représentant les principaux événements de la vie d'Henri IV, comparés aux travaux d'Hercule. Comme ces fêtes avaient lieu à l'occasion d'un mariage, les arcs furent dédiés aux sept dieux qui, d'après les poètes, assistèrent aux noces d'Hercule et d'Hébé. De plus, ils furent accompagnés d'autant de théâtres, où l'on représentait en action une partie des allégories figurées en peinture sur chacun d'eux. Malheureusement, dans les derniers jours, on fut avisé que le roi ne pourrait venir, retenu qu'il était par sa campagne en Savoie.

Marie de Médicis arrivait directement de Florence, où le 5 octobre, le grand écuyer de France l'avait épousée au nom d'Henri IV. Débarquée à Marseille après une traversée difficile de la Méditerranée, elle atteignit Aix le 17 novembre. Elle en repartit immédiatement et vint coucher à Salon, où, selon la légende, Hercule avait remporté cette victoire, pour laquelle le bon Jupiter l'avait aidé, en criblant ses ennemis des pierres de la Crau. On croyait à Avignon que la reine serait retardée dans son voyage par un de ces violents mistrals si connus dans le pays ; mais on fut très surpris quand le vendredi soir, 17, on eut nouvelle qu'elle désirait être à Avignon le dimanche suivant. On hâta donc les préparatifs : on voulut faire tant et de si belles choses, que tout ne put être terminé.

Pendant ce temps, le vice-légat et Blaise de Capisucco, gouverneur général pour le pape, allèrent à Cavaillon au devant de la reine. Ils la rencontrèrent au moment où elle passait la Durance à Orgon, le samedi dans la matinée.

Le lendemain, le mistral cessa, et ce fut le plus beau soleil qui vit les fêtes et les réjouissances dont les Avignonais régalèrent Marie de Médicis. Comme elle devait entrer par la porte Saint-Lazare, on avait élevé devant le fossé ou ravelin une grande galerie, toute tendue de tapisserie, où le conseil de ville l'attendait. Aussitôt qu'on l'aperçut à la hauteur de l'église Saint-Michel, toute l'artillerie placée sur le rocher des Doms et près de la porte St-Lazare, tonna avec fracas. Quand la reine s'approcha, un corps de musiciens, placé dans une tour voisine, la salua de ses trompettes : tant il est vrai que déjà, à cette époque, plus on était bruyant, plus on faisait d'honneur à ses hôtes !

En sortant de sa litière, Sa Majesté aperçut d'abord un char triomphal imité de l'antique. Ce char était si singulier, qu'il mérite une description. Il était recouvert d'une étoffe d'azur semée de fleurs de lis ; puis des trophées, des devises sans nombre, des anagrammes, la masse d'Hercule, le sceptre du roi, la tiare du pape. Sur la partie la plus élevée étaient assis deux personnages figurant le Génie du roi et de la reine. Celui du roi, habillé pompeusement, couvert d'or, de perles et de pierreries, couronné d'une couronne impériale avec gros diamants, portait une épée nue surmontée d'une couronne de France ; et pour que l'on sût bien ce que cela signifiait, une pancarte était attachée derrière lui avec cette inscription : *L'espée triomphante du roy.* Le Génie de la reine, couvert de velours brodé d'or et d'argent, tenait d'une part un cœur couronné et d'autre part un guidon de taffetas vert avec les armoiries des Médicis. A leurs pieds, était un chœur de musiciens dirigé par M. l'Eschirol, organiste de la métropole ; ils figuraient 14 nymphes, sous la conduite de Junon. Junon étant M. l'Eschirol, et des nymphes jouant de la clarinette, de la cornemuse ou de la guitare, n'était-ce pas une chose délectable à voir pour les bons bourgeois d'alors ? Ce magnifique chariot était traîné par deux chevaux déguisés en éléphants, conduits par de faux Maures. Malheureusement, la reine arriva si vite que le char dut se presser de venir, et pour cela on avait enlevé aux chevaux leurs garnitures encombrantes : en présence de Sa Majesté, on retransforma les chevaux en éléphants, pendant que les musiciens entonnaient l'hymne triomphal.

Je ferai grâce au lecteur des différentes cérémonies qui eurent lieu : je m'arrêterai seulement aux détails les plus caractéristiques, qui font mieux ressortir le goût du temps.

Après la réception de la reine par le corps de ville à la porte St-Lazare, s'avança un cortège de sept divinités, qui venaient présenter à Marie de Médicis les sept couronnes acquises au roi par ses victoires. Il y avait là le dieu Mars, cuirasse dorée, casque à panache blanc, écharpe de soie blanche en sautoir ; Apollon, ayant sur la tête un soleil de perles en pierreries, habillé d'argent sur velours incarnat ; Jupiter, vêtu de damas bleu de ciel, sa foudre en main ; Minerve, coiffée d'un heaume surmonté d'un sphinx, avec une robe en toile d'argent et une cuirasse dorée ; Mercure, remarquable par son chapeau de drap d'or et son caducée ; Diane, son croissant doré sur la tête ; Vénus, avec une robe tricolore, bleu, blanc, rouge, et une guirlande de roses pour ceinture. Chaque divinité était accompagnée de sept jeunes gens à cheval, portant des couronnes de laurier, de fleurs de lis, de peuplier, de chêne, etc.

Comme les sept arcs étaient placés, pour ainsi dire, sous le vocable de ces dieux et déesses, il est bon d'indiquer le sujet de chacun d'eux. Le premier, élevé après le pont-levis de Saint-Lazare, était dédié à Mars ; Hercule, coupant les sept têtes de l'hydre, y figurait les batailles et victoires du roi. Le second, devant la porte des Carmes, consacré à Apollon, représentait Hercule soulageant Atlas

et portant le monde sur ses épaules, allégorie du roi sou-
tien de son royaume. Le troisième, auquel présidait Jupiter, était élevé au commencement de la place Saunerie et
montrait Hercule endormant le dragon à la porte du jardin
des Hespérides : tel Henri IV s'emparant de la ville de
Lyon, une des clefs du royaume. Le nom de Minerve était
inscrit au fronton du quatrième arc, sur la place des
Enchères : Hercule, brûlant dans les flammes sur le mont
Œta, y signifiait Henri IV se domptant lui-même et par-
donnant à ses ennemis. Sur la place du Change, le cin-
quième arc, dédié à Mercure, montrait le héros de la fable
vainqueur de Géryon, roi des Espagnes selon la légende :
allégorie trop claire pour être expliquée. Sur le sixième,
consacré à Diane et situé sur la place de l'Hôtel-de-Ville,
une image naïve représentait Hercule délivrant Promé-
thée : tel le roi délivrant son royaume de l'hérésie. Le
septième enfin, sur la place du Puits-des-Bœufs, était voué
à Vénus : Hercule se rendant maître de la biche Ménalée
y symbolisait Henri IV triomphant du cœur de Marie de
Médicis.

Ce dernier arc, au lieu d'être accompagné d'un théâtre
comme les précédents, était voisin d'une tour, au sommet
de laquelle apparaissaient les personnages de la France,
Mariane ou Marie de Médicis, l'Immortalité et le petit
Henri, qui devait être le fruit de l'union royale, lesquels
personnages récitaient un épithalame. Voici un échantillon
de cette poésie, qui promettait pour l'avenir monts et
merveilles :

> « Ce lit et ce mariage
> Triomphant
> Portent asseuré presage
> D'un enfant :
>
> « Enfant qui, semblable au pere
> En valeur,
> Apportera à sa mere
> Tout bonheur.

« Avec les troupes françoises
Tu batras
Toutes les îles Gregeoises
De ton bras.

« Trainant tes bandes isnelles
Apres toy,
Des Pyrenées maternelles
Seras roy.

« Tu regaigneras d'Afrique
Les cantons
Et la sphere Sarmatique
Des Polons.

« Tu banniras d'Europe
Le Turban
Et camperas sur la crope
Du Liban. »

Je passe sous silence toutes les inventions singulières que l'on fit admirer à la reine : le branle des Nymphes, dansé par les Grâces sous la conduite de Vénus, Charles Martel conduisant les glorieux ancêtres d'Henri IV, le Parnasse élevé sur un calvaire de la rue Carreterie, et le temple de Janus et les représentations scéniques à chaque carrefour. Il me suffira de dire que le cortège mit près de cinq heures, pour aller de la porte Saint-Lazare à la métropole.

Là, l'archevêque d'Avignon et les chanoines attendaient sous de beaux arcs de triomphe eux aussi la gracieuse souveraine. Un magnifique discours, d'une seule phrase, mais interminable, lui fut encore servi par le prévôt. En voici la dernière partie : « *Prions le souverain Creasteur, duquel l'eternelle main, comme nous croyons, a bien voulu miraculeusement consacrer cette eglise pour y exaucer les vœux des mortels, qu'il luy plaise, pour l'establissement du repos et de la gloire de la monarchie françoise si rarement triomphante soubs l'unique soleil de son Henry, donner à Votre*

Majesté très heureuse, avant l'an revolu, un jeune prince daulphin, aussi sage et valeureux que le grand roy son pere, et aussi doux et gracieux que Votre Majesté, laquelle nous supplions tres devotement nous permettre de l'admirer et reverer par un modeste et religieux silence, puisque la langue d'un mortel ne pourroit jamais former de parolles dignes d'une si grande royne. » J'imagine que Mgr Jean-François Suarez, éloquent personnage selon ses contemporains, eut besoin de reprendre haleine après une phrase comme celle-ci. Remarquons encore combien les Avignonais tenaient à leur souhait de dauphin, pour le formuler si souvent. Cette fois, Sa Majesté se contenta de répondre en italien : « Priez Dieu qu'il me donne cette grâce. »

Après avoir fait ses dévotions et entendu un *Te Deum*, Marie de Médicis quitta la métropole et gagna le palais des papes, où elle put enfin goûter un repos bien mérité.

Je m'aperçois que dans mon récit je n'ai oublié qu'une chose : c'est de rapporter quelle était la toilette de Sa Majesté. Elle était costumée à l'italienne, d'une robe montante de drap d'or à fond bleu : pas de fard sur le visage, pas de poudre dans les cheveux. On ne put s'empêcher à ce propos de remarquer le contraste offert par les grandes dames avignonaises, qui ne craignaient pas de se largement décolleter et d'user de poudre et de vermillon. J'ai déjà dit que Marie était venue en litière : cette litière, portée par deux chevaux noirs, était tapissée à l'intérieur et à l'extérieur de velours cramoisi foncé avec fleurs de lis et roses brodées en or et en argent.

Le lendemain matin, son aumônier dit la messe à N.-D.-des-Doms, en présence de tous les personnages qui avaient assisté à la fête de la veille. La reine s'y montra d'une grande piété : elle resta à genoux tout le temps de la messe et récita ses heures jusqu'à la fin.

Après le dîner, un messager apporta la nouvelle de la prise de Montmélian par le roi : Marie se leva de table immédiatement, ordonna de faire un feu de joie et de chanter un *Te Deum*. Le soir, toute la ville fut encore en fête ; entre 8 et 9 heures, 40 coups de canon furent tirés sur le Rocher.

Le même jour, le corps de ville avait été présenter ses devoirs à la reine : nouveaux discours, nouvelles assurances de dévouement ; aujourd'hui ce ne serait pas autrement. Le lendemain, mardi, les consuls firent leur présent : il consistait en 150 médailles d'or frappées spécialement pour cette occasion, offrant d'un côté le portrait de la reine ou du roi, de l'autre la représentation de la ville d'Avignon. Ces pièces étaient dans une belle coupe faite d'une noix de coco enchassée dans l'argent ciselé.

Puis, ce fut le vice-légat, qui rassembla dans une salle du collège du Roure, au palais de Poitiers, toute la noblesse d'Avignon, et qui invita à une collation Sa Majesté et tout son entourage. Il y eut d'abord bal, puis sur les 5 heures, à un signal donné, une grande tapisserie, qui masquait le fond de la salle, fut écartée et découvrit trois tables gardées par des Suisses et fort convenablement dressées : l'appareil à lui seul était estimé plus de 1,500 écus. C'est qu'en effet, on avait fait venir d'Italie et spécialement de Venise, Gênes et Naples, les pièces les plus rares de cette collation.

Sur la table de droite étaient toutes sortes de poissons en sucre, « si bien faits, dit le chroniqueur, qu'a les voir on eust jugé qu'ils fussent en vie. » Puis, des levreaux, des lapins, des pigeons, des canards, des têtes de veau, des porcelets, etc., en sucre d'ouvrage de Venise, des confitures de Naples, des prunes de Damas contrefaites également et des dragées. La table de gauche était couverte de 300 petits paniers dorés et argentés, avec les armoiries de la reine et du vice-légat, et remplies de fruits simulés en sucre ; le tout fait à Gênes et à Venise. On avait posé sur la même table 50 statues de même matière, représentant les empereurs romains, les dieux et les déesses. La table du milieu, recouverte d'un dais, était destinée à la reine : elle était chargée des mêmes choses que les tables voisines et de 12 statues ; on y remarquait de plus une serviette en sucre, si bien imitée « que les plus clairvoyants l'estimoient estre de lin. »

Après la collation, les paniers furent distribués à toutes les dames présentes. Puis, la reine remonta dans son coche et se retira au palais, où elle fut encore accueillie par 30 coups de canon.

Le lendemain, mercredi, à une heure de l'après-midi, Marie de Médicis, escortée de toute la noblesse, quitta Avignon pour se diriger sur Lyon. Elle garda de sa réception un si bon souvenir, qu'elle fit transmettre aux consuls de la ville son désir de voir conserver la mémoire de ces fêtes. Le conseil se rendit de bonne grâce à son invitation ; il chargea le jésuite André Valadier de composer la relation de toutes ces réjouissances. Celui-ci profita du séjour d'un graveur strasbourgeois, nommé Mathieu Greuter, pour lui faire graver les planches représentant les arcs triomphaux et pour lui faire illustrer le livre projeté. Vers le milieu de l'année 1601, tout fut achevé, et les consuls de la ville d'Avignon purent envoyer au roi et à la reine de France, aussi bien qu'au grand duc de Toscane, cet ouvrage, qu'ils intitulèrent : *Labyrinthe royal de l'Hercule gaulois triomphant.*

De telles fêtes n'étaient pas rares à Avignon. De superbes réjouissances eurent encore lieu lors du passage de Louis XIII, des princes du sang parents de Louis XIV, etc. Ces magnificences nous sont inconnues aujourd'hui ; ne nous en plaignons pas : si elles donnaient lieu à un déploiement inouï de splendeur, elles avaient leur revers ; le quart d'heure de Rabelais sonnait peu après le dernier coup de canon, et la note à payer donnait alors à réfléchir. N'est-ce pas quelque chose de ne plus avoir ce souci ?

PIÈCES JUSTIFICATIVES [1].

I. — *Lettre du roi Henri IV aux consuls de la ville d'Avignon, en réponse à la députation qui lui avait été envoyée* (2) *(21 août 1600).*

Original : Archives communales d'Avignon, AA, boîte 95, n° 2989. — Copie : *Ibidem,* BB, *Délibérations,* 1600-1605, fol. 26 v°.

De par le Roy,

Tres chiers et bien amez, Nous avons prins en bonne part le remerciement que vous nous avez faict faire tant par voz lettres que par le sieur Sauvins vostre premier consul, de la confirmation de voz privileges que nous vous avons faict expedier, et des asseurances que vous nous rendez de vostre affection a nostre service, de quoy nous vous avons bien voulu tesmoigner que nous vous sçavons tres bon gré, vous prians croyre que nous aurons tousjours autant de soing de vous et voz affaires en pareille recommandation que sy vous estiez noz propres subjectz, ainsi que vous cognoistrez par effect. Donné au camp des faulxbourgs de Chambery, le XXI° jour d'aoust 1600.

HENRY.
DE NEUFVILLE.

---

(1) Le mémoire ci-dessus est extrait en grande partie du livre du jésuite Valadier. Comme d'autre part M. de Laincel, dans le *Bulletin de Vaucluse,* année 1881, a publié lui-même un résumé de ce livre sans le citer, j'ai cru bon de renouveler le sujet en publiant quelques pièces justificatives, inédites jusqu'aujourd'hui.

(2) Paul-Antoine Puget de Sauvins, premier consul, avait été député à Lyon, au nom de la ville, pour remercier le roi d'avoir confirmé ses privilèges et pour le supplier « tres humblement au nom de toute la ville vouloir continuer en ceste devocieuse affection. » (Délibération du 1er août 1600: Archives communales d'Avignon, BB, *Délibérations,* 1600-1605, fol.19.)

II. — *Délibération du corps de ville sur les préparatifs pour l'entrée du roi et de la reine et leur réception à la Métropole (13 novembre 1600).*

Original : Archives communales d'Avignon, BB, *Délibérations,*
1600-1605, fol. 65 v°.

Davantage a été proposé par led. sieur assesseur et continué par lesd. sieurs consuls que tous les roys et roynes a leur entrée dans ceste ville sont coustumiers d'aller droict a l'esglise metropolitaine, comme feront encores le roy et la royne de France a leur prochaine entrée, dont il est raysonnable que lad. esglise soit telement parée qu'on puisse recevoir Sesd. Majestez avec tout l'honneur et reverence que leur sont deubz; et puisque la ville a prins des deniers de l'entrée de la vendange et vin mil quatre cens escuz pour fournir à l'entrée et presentz que lad. ville doibt fere a Sesd. Majestez, Monseigneur illustrissime vice-legat (1) a treuvé bon d'ordonner et commander que Messieurs de lad. esglise metropolitaine prendroient cinquante escus desd. deniers, pour parer et fere toutes choses qui seroient necessaires a leurd. esglise pour lad. entrée.

III. — *Approbation de la dépense pour les présents aux messagers du roi envoyés au-devant de Marie de Médicis (10 décembre 1600).*

Original : Archives communales d'Avignon, BB, *Délibérations,*
1600-1605, fol. 73.

A esté ratiffié le present qui a esté faict de vingt quatre boytes dragées ou confitures et douze flambeaux de cire blanche a Monseigneur le connestable.(2), passant par ceste ville a la venue de la reine, en consideration des grandes faveurs et biens que lad. ville reçoyt de luy ordinerement et du besoin que journellement elle en a.

A esté ratifié la despense faicte par raison du present qui a esté faict a Monsieur le Grand (3), lorsqu'il passa par ceste ville s'en allant treuver la royne en Florence de la part du roy, consistant en confytures et flambeaux, ensemble les presents que ont aussy esté faictz a Messeigneurs le chancelier de France (4) et de Fresne, secretaire d'etat du roy, en leur passage en ceste ville au devant de la royne, consistant semblablement en confytures et flambeaux de cire blanche.

(1) Le vice-légat était alors Charles Conti (1599-1604).
(2) Henri de Montmorency, fils du fameux connétable Anne, connétable lui-même, né le 15 juin 1534, mort le 2 avril 1614.
(3) Cf. la délibération du 13 octobre 1600, ratifiant la dépense faite pour le présent à Monsieur le grand écuyer de France, « au passaige qu'il a faict par ceste ville, s'en alant espouser la reyne au nom du roy.» (Archives communales d'Avignon, BB, *Délibérations*, 1600-1605, fol. 57.)
(4) Pompone de Bellièvre, institué chancelier le 2 août 1599.

IV. — *Délibération du corps de ville pour l'impression du livre intitulé :* Labyrinthe royal de l'Hercule gaulois triomphant, *relatant les cérémonies de l'entrée (28 février 1601).*

Original : Archives communales d'Avignon, BB, *Délibérations,* 1600-1605, fol. 103.

Et pour aultant que fesant imprimer les entrées que la ville a faictes a la royne et a Monseigneur le cardinal Aldobrandini, nepveu de notre sainct Pere (1), cela ne peut qu'apporter un tres grand bien et proffict a la ville, mesmes que celles qui ont esté faictes a Messeigneurs les cardinaux de Farnese (2) et d'Aquaviva (3), lors legats de ceste ville, ont esté imprimées ;

A esté conclud et arresté fere inprimer celes de Sa Majesté et seigneurie illustrissime, et pour cest effect ou pour la recompense des peynes et vacations que le pere André (4), jesuite de ceste ville a prinses pour lesd. entrées, estre baillé aud. pere André, pour lad. imprimerie et peyne, la somme de quarante escus de soixante sous piece (5).

V. — *Envoi au grand duc de Toscane (6), oncle de Marie de Médicis, du livre* Labyrinthe royal *(26 août 1601).*

Original : Archives communales d'Avignon, AA, *Correspondance consulaire,* 1590-1606.

Serenissimo signore,

Perche nella felice intrata che fece in questa cita la regina di Francia, non potessimo far altro servitio a Sua Majesta che in honorare detta citta

---

(1) Cynthius Passerus, cardinal Aldobrandini, neveu de Clément VIII par sa mère, fut légat d'Avignon dès 1600 et non 1601 comme le veut M. Reynard-Lespinasse, *Armorial historique du diocèse et de l'état d'Avignon,* p. 157.

(2) Alexandre Farnèse, légat d'Avignon, de 1541 à 1565.

(3) Octave Aquaviva, légat de 1593 à 1600.

(4) C'est le P. André Valadier, auteur d'un certain nombre d'autres ouvrages, parmi lesquels je citerai la *Vie de Ste Françoise romaine,* 1611, l'*Auguste basilique de St-Arnoul de Metz,* 1615, l'*Expostulatio apologetica pro societate Jesu ad Henricum IV,* 1606, etc. Quant au livre dont il est ici question, voici son titre complet : *Labyrinthe royal de l'Hercule gaulois triomphant sur le suject des fortunes, batailles, victoires, trophées, triomphes, mariage et autres faicts heroiques et memorables de tres auguste et tres chrestien prince Henri IIII, roy de France et de Navarre, representé a l'entrée triomphante de la royne en la cité d'Avignon, le 19 novembre l'an MDC, ou sont contenuës les magnificences et triomphes dressez a cet effect par ladicte ville.* Il a été imprimé chez Jacques Bramereau. C'est un in-4° de 30-244 pages, y compris les 14 planches gravées par Greuter.

(5) Le conseil, tenu le 11 avril 1601, décida de donner encore 18 écus pour achever de faire imprimer la relation de l'entrée de la reine composée par le P. André Valadier : Archives communales d'Avignon, BB, *Délibérations,* 1600-1605, fol. 125. Cf. Compte de 1601, fol. 37 v° et pièces justificatives dud. compte, n° 313.

(6) Ferdinand de Médicis, fils de Cosme Ier, troisième grand duc de Toscane, oncle de Marie de Médicis, né en 1549, mort en 1609.

metterci in ordine delli triomphi stampatici, accio che la posterita sapia in quanto ci riputiamo obligati in honnorar et ubedir a tutto quello che venne da parte della Majesta del re e serenissima casa di Medici, et perche sapiamo che vostra Serenissima Altesa havera caro di vedire il libretto che se ne fatto, havemo pigliato l'hardire d'offerirli per mano del coronnel Pompei Cathilina, assicurandola che ricevendolo ci favorira molto e obligara estretissimamente a far humillissimo servitio a sua Serenissima Altessa, con pregar Dio la conservi longamente e felicimente.

D'Avignone, alli 26 d'agosto 1601.

Di Vostra Serenissima Altessa,

Humillissimi et ubedientissimi servitori,

li Consoli d'Avignone.

Alla Serenissima Altessa del duca di Toscana.

VI. — Compte des dépenses faites par les consuls de la ville d'Avignon, pour la réception de Marie de Médicis (1601).

Original : Archives communales d'Avignon, CC, *Comptes,* 1600-1601, fol. 28-32.

Despance faicte pour l'entrée en ceste ville de tres chrestien roy d France et de Navarre Henry quatriesme, et de la royne Marie de Medicis, son espouse. Le tout payé par moy, Estienne de Bellecombe, tresorier.

Premierement, le 21 d'octobre 1600, ay payé a sieur Pierre du Plan, peinctre (1), la somme de cinquante escus a bon compte de ce qu'il travailhe pour lad. entrée ; appert par mandamus et acquit dud. jour.. 50 escus. Nº 121 (2).

Plus au sieur Jean Puget, consierge, la somme de dix escus pour survenir a la despence qu'il convient faire pour lad. entrée ; appert par mandamus et acquit. . . . . 10 escus. Nº 122.

A sieur Jean Beuf, graveur de coins, la somme de six escus a bon compte des vinct a luy accordés pour la graveure des coins qu'il a pris a faire pour faire les piesses d'or en forme de medalhes, pour faire presant au roy et a la royne (3) ; appert de lad. somme par mandamus . . 6 escus. Nº 123.

---

(1) Le peintre Pierre Duplan avait été chargé de peindre et de décorer les arcs triomphaux et de figurer au sommet la scène allégorique des travaux d'Hercule.

(2) Le numéro qui suit chaque article du compte est celui de la pièce justificative : mandamus et acquit, que le trésorier était tenu de présenter pour sa décharge.

(3) Sur ces pièces, cf. ce que dit le P. Valadier dans le *Labyrinthe,* p. 217 : « Ce furent cent cinquante medailles d'or, où estoit relevée d'un costé l'image de la royne au naturel, et de l'autre le portrect de la ville d'Avignon en perspective : et en d'autres l'image du roy : qu'ils [les consuls] luy presenterent dedans une belle et rare coupe faicte d'une noix d'Inde enchassée en argent. »

A M⁣ʳᵉ Claude Chillot, brodeur, la somme de cinquante escus a compte des estoffes, fassons et fornitures qu'il faut faire pour deux poilles qu'on luy a ordonné de faire ; appert de lad. somme par mandamus. . . . . 50 escus. N° 124.

A sieur Pierre du Plan, peinctre susd., la somme de cent escus a compte de deux centz escus a luy accordés par les deputés de lad. entrée pour ouvrage a luy balhé a pris fait ; appert par mandamus et acquit. 100 escus. N° 125.

Plus ay payé pour lad. entrée au sire Jean Pugé, consierge, la somme de douze escus cinquante solz pour quarante journées de fustiers, tant de maistres que de serviteurs ; appert par compte, mandamus et acquit. . . . . 12 escus 50 solz. N° 126.

A Pierre Doux, peinctre, la somme de dix escus, a compte de ce que luy a esté accordé pour dix huict armoiries (1) a cinq testons la piece ; appert par mandamus et acquit. . . . . 10 escus. N° 127.

A Raphael Gay, Jean Faucon et Veran, trompettes, la somme de trois escus a bon compte de ce que leur est promis et accordé pour l'entrée, lesd. trois escus a eux avancés pour avoir vacqué durant trois jours a cheval a publier par la ville la franchise et liberté d'icelle ; appert par mandamus et acquit. . . . . 3 escus. N° 128.

A sieur Jean Puget, consierge, la somme de vinct escus cinquante solz, pour payer les fustiers, sçavoir cinquante cincq journées de maistres et dix de compaignons ; et appert par mandamus et acquit. 20 escus 50 s. N° 129.

A M⁣ʳᵉ Claude Chillot, brodeur, la somme de trente escus a bon compte des poelles qu'il faict pour lad. entrée ; appert par mandamus et acquit. . . . . 30 escus. N° 130.

A sieur Jean Puget, consierge, la somme de dix sept escus dix sept solz et six deniers, pour payer quarante huit jornées et demye de maistres et quatre et demye de compaignons ; appert par mandamus et acquit. . . . . 17 escus 17 solz 6 deniers. N° 131.

A sieur François Manche, appotiquaire, la somme de trente escus, pour estre par luy distribués suivant les billietz que lui seront dressés par Messieurs les depputés de lad. entrée ; appert par mandamus et acquit. 30 escus. N° 132.

Plus ay payé pour lad. entrée a sieur Pierre Duplan, peinctre, la somme de cinquante escus a bon compte de ce qu'il travailhe pour lad. entrée ; appert par mandamus et acquit. . . . . 50 escus. N° 133.

A Pierre Doux, peinctre, douze escus trente solz, pour reste et entier payement des dix huict armoyries cy devant dictes ; appert par mandamus et acquit. . . . . 12 escus 30 solz. N° 137.

___

(1) Plus loin, d'autres sommes sont encore portées pour ces armoiries : en effet « tous les sept arcs estoient enrichis ez deux faces, par dessus la corniche, au pied du coronnement, de quatre grandes armoiries garnies de laurier, buyx et coton (avec le clinquant sur les livrées du roy et de la royne) peinctes de fin or et de fines couleurs, les trois en paralelle : asçavoir de nostre S. Pere au milieu, du roy et de la royne aux deux costés, la quatrieme d'Avignon sous celles du sainct Pere. » (Valadier, p. 53.) Il y en avait encore d'autres sur les remparts, les théâtres, etc.

A sieur Jean Puget, consierge, la somme de dix escus pour peynes et vaccations par luy prinzes pour lad. entrée ; appert par mandamus et acquit. . . . . 10 escus. N° 138.

. . . .

A damoyselle Jeanne Ogier, vefve a feu François Vautret, la somme de neuf escus quarante cinq solz pour quatre cannes taffetas demy armezyn blanc a 7 solz le pan, pour faire les cornettes de nostre sainct pere le pape, celle du roy et de la royne, et neuf pans satin de Lucques rouge cramoizy pour la robe de la nimphe, qui doibt presanter les clefz de la ville a Sa Majesté (1) ; appert par mandamus et acquit. 9 escus 45 solz. N° 140.

Plus ay payé pour lad. entrée au sire Jean Beuf, graveur, la somme de quatorze escus pour reste et entier payement des vinct escus a luy accordés pour la fasson des coins cy devant dictz ; appert par mandamus et acquit. . . . . 14 escus. N° 141.

A messire Barthelemy Anceau, notere, la somme de six escus a luy accordés tant pour avoir mis au net les escripteaulx de lad. entrée, assisté les peinctres pour leur declarer les figures et intelligences desd. escripteaux, comme aussi pour toutes les peynes et vacations par luy faictes et a faire pour lad. entrée ; appert par mandamus et acquit. . . 6 escus. N° 142.

A Mre Imbert Cotelier, la somme de quatre escus, pour la fasson et dorure de trois clefz, pour presenter au roy a son arrivée en ceste ville ; appert par mandamus et acquit. . . . . 4 escus. N° 143.

A Pierre Jacquet, gippier, quatre escus pour blanchir et remplir de fleurs de lyz le dessous de l'arc proche de la meson de M. de Leglize ; appert par mandamus et acquit. . . . . 4 escus. N° 144.

A sieur Jean Puget, consierge, la somme de trente six escus vingt huict solz, pour payer les fustiers travalhantz a lad. entrée ; appert par compte, mandamus et acquit. . . . . 36 escus 28 solz. N° 145.

(1) Voici quelle était la toilette de cette nymphe : « Euphrosyne, qui devoit donner les clefs, estoit affeublée d'une robe de toque d'argent en bas, le corps de satin cramoysi tout semé de clefs d'or : le cotillon de drap d'argent frissure sur frissure : la teste coiffée à l'antique en corne d'abondance rebrassée par en haut en devant, embellie au bout d'un gros et singulier diamant enchassé en or : tout le reste couvert d'autres diamants, rubis, escarboucles, esmeraudes et autres pierreries et enseignes de grand pris et en grand nombre. Elle portoit une grande chaine de perles en escharpe et un autre d'or esmaillée et enrichie d'autres perles les plus rares : sa coronne couverte de force pierres exquises, principalement de sept gros diamans, un en chasque fleur de lis, richement enchassez en or, d'où pendoit jusques en terre une gaze d'or. » (Valadier, p. 56.) Voici un extrait du compliment qu'elle débita, en remettant les clefs à Sa Majesté :

« Vous, clef de France, venez,
Et prenez
Ces trois clefs, que je vous donne :
Presage que de voz flancs
Trois enfans
Sortiront portans coronne. »

Cette prédiction s'accomplit : des 6 enfants de Marie de Médicis, 3 portèrent couronne : Louis XIII, Elisabeth, femme de Philippe IV d'Espagne et Henriette-Marie, femme de Charles Ier d'Angleterre.

A sieur Geoffret Sibille, la somme de ceze escus cinquante deux solz, pour toylle, tant bleije que autre, fil et papier par lui forny ; appert par compte, mandamus et acquit. . . . . 16 escus 52 solz. N° 146.

A sieur Jean Puget, consierge, dix escus pour menus despens qu'il convient faire pour lad. entrée ; appert par mandamus et acquit. 10 es. N° 147.

A sieur Urbain Lambert, mestre de la monoye, la somme de cinq escus pour la fasson de deux centz piesses d'or que la ville luy a faict faire pour donner en presant au roy et a la royne ; appert de lad. somme par mandamus et acquit. . . . . 5 escus. N° 148.

Plus ay payé a cinq trompetes qui ont servy a lad. entrée, la somme de onze escus quarante solz, tant pour leur despance que pour salaire a eux accordé ; appert par mandamus et acquit. . . 11 escus 40 solz. N° 149.

Ay payé et remis entre les mains de Messieurs les consulz et depputez pour lad. entrée la somme de cent cinquante piesses d'or en forme de medalhes, vallent six livres huict solz chescune, pour estre lesd. piesses balhées en presant a la royne ; appert par mandamus et sans acquit. . . . . 320 escus. N° 150.

A Monsieur Lois Pomar, la somme de trente escus d'or en or italle, pour pris d'une coppe d'argent dorée avec son couvercle, pour dans icelle mettre lesd. piesses d'or , le tout pour faire led. presant ; appert de lad. somme par mandamus et acquit. . . . . 30 escus. N° 151.

Au sieur Jean Roux, la somme de quatre escuts trente solz, pour la garniture de trois clefz faicte de soye bleue avec du fil d'or (1) pour lad. entrée ; appert par mandamus et acquit. . . . . 4 escus 30 solz. N° 152.

. . . .

A Monsieur Anthoyne Esquirol, la somme de douse escus, pour toute la musique qu'il a faicte chanter a l'antrée de la royne ; appert par mandamus et acquit. . . . . 12 escus. N° 154.

A M⁣ʳᵉ Laurens Ferrier, la somme de six escus, pour avoir faict les muffles des elephans qui trenoient le chariot triumphant ; appert par mandamus et acquit. . . . . 6 escus. N° 155.

A Mʳᵉ Claude Chillot, brodeur, la somme de quatorze escus vinct un solz, pour reste et entier payement des fornitures et fassons des deux poelles par luy faictz ; appert par mandamus et acquit. . 14 escus 21 solz. N° 156.

Plus, ay payé pour lad. entrée a Barthelemy Chastrony, la somme de cinq escus, sçavoir pour huict lances a trente solz piesse et le boys des ayles du colleuvre (2) et pour avoir fourny les pos du chauffault de la place ; appert par compte, mandamus et acquit. . . . 5 escus. N° 157.

. . . .

(1) Voici ce qu'en dit Valadier, p. 60 : « Cela dict, Euphrosyne faisant une grande reverence presenta a Sa Majesté trois clefs (qui sont les armoyries d'Avignon...) dorées sur l'argent, pendantes d'un cordon, avec de grandes houppes de soye verte, bleue et incarnate, meslée de fil d'argent. »

(2) Cette « colleuvre » était l'hydre contre laquelle Hercule combattait sur le théâtre du 6ᵉ arc devant l'Hôtel-de-Ville. « Cet hydre ou dragon estoit d'un tres bel artifice et d'un aspect effroiable, de la grandeur d'un grand

A M. Blazy Bouyier, talheur, un escu quarante solz, pour la fasson d'un habit d'Hercules (1) et quatre habits d'Herculins et deux habits a la turque de trellis-bleu ; appert par mandamus et acquit.   1 escu 40 solz. N° 159.

A M⁰ Jean de Bourgogne, talheur, la somme de quatre escus six solz pour la fasson de quelques habitz, guidons et courdons pour le poelle ; appert par compte, mandamus et acquit. . . . .   4 escus 6 solz. N° 160.

A M⁰ Pierre Duplan, peinctre, la somme de cent dix escus pour 61 armoyries de nostre sainct pere, du roy et de la royne ou de la ville, qui montent 76 escus 15 solz ; douze bastons pour les poilles, la pome dorée et les bastons bleus, monte 6 escus, et 3 escus pour la dorure ou les fleurs de lis de l'habit de la fille qui presente les clefz ; 10 escus pour 21 journées de ceux qui ont peinct ou escript les papiers des genites (?), et 20 escus pour avoyr peinct la gallerie hors la porte Sainct Lazare et la tour du Puis des Beufz, et 4 escus pour avoir peinct de bleu et semé de chiffres l'arc pres la meyson de M. le Portugues, et 7 escus pour 14 thermes, 6 escus pour les habitz des elephans et peinct la colleuvre, et 20 escus pour avoyr forny le linge pour garnir les piedz d'estras, collonnes et arcz ; appert par mandamus et acquit. . . . . 110 escus. N° 161.

. . . .

A François Quene, sellier, trois escus vinct solz pour avoir forny les harnois pour tirer le chariot et la fasson des habitz des elephans ; appert par mandamus et acquit. . . . . 3 escus 20 solz. N° 164.

A sieur Geoffret Sibille, la somme de un escu trente solz pour quatre canes rite de Vienne, pour couvrir la cournisse de l'arc pres du palais ; appert par mandamus et acquit. . . . . 1 escu 30 solz. N° 165.

A Jean Gachet et La Pierre, vyollons, la somme de unze escus tant pour eux que pour neuf autres ses compaignons, pour avoir sonné des aulbois et vyollons a l'entrée de la royne ; appert par mandamus et acquit. . . . . 11 escus. N° 166.

A sieur Estienne Ramade, appotiquere, la somme de six escus, pour quarante huict canes agulhes par luy fornies pour lad. entrée ; appert par mandamus et acquit. . . . . 6 escus. N° 167.

. . . .

dogue d'Angleterre, tout escaillé de verd et de jaune, avecque ses ombrages de noir et de rouge : il avoit les grifes de leopard, le groin camard, le front enfonsé, l'oreille de lyon, la barbe de bouc, la cueue de coleuvre, le corps, les aisles et la teste de dragon, avec la place de six testes ja coupées, qui faisoit qu'il tenoit plus du dragon que de l'hydre : il estinceloit des yeux, jettoit le feu a furie par la gorge, par les oreilles et par l'estomach, retiroit et avançoit la teste et le col d'une grande coudée, ouvroit la gueule d'un grand pied, jouoit des machoires et de la langue si parfaitement comme s'il fut tout vif... » (Valadier, p. 170.)

(1) Hercule, qui devait combattre l'hydre, « estoit equippé a proportion, avec son arroy a l'antique, la teste coiffée d'un meufle de lyon avec son poil et ses dens, non point en peinture mais au vray d'une vraye teste de lyon, que l'on avoit trouvée tout a propos... Le reste du corps estoit d'autres peaux retirantes au lyon sur le nud. » (Valadier, ibidem.)

A sieur Jean Crouzel, la somme de cinq escus quatre solz pour payement de cinq onces un quart poudre de Chippre fine, dans un petit sac de satin vert, pour mettre au fons de la coupe d'argent doré, pour faire le present a la royne; appert par mandamus et acquit. 3 es. 3o s. N° 169.

A M. Intermet, maistre de musicque, la somme de dix escus, pour toute la musicque qu'il a faict chanter a l'entrée de la royne; appert par mandamus et acquit. . . . . 10 escus. N° 180.

A sieur Laurens Crousat, la somme de six escus pour douze pans satin jaune fourny pour le poille du roy; appert par mandamus et acquit. . . . . 6 escus. N° 183.

A Pierre Chabrier, menuzier, un escu dix huict solz pour quatre cannes et demye agulhes, une masse d'Herculles, un espée de bois et un sceptre; appert par mandamus et acquit. . . . . . 1 escu 18 solz. N° 187.

A Claude Pagnot, potier, la somme de 4 escus pour quarante livres poudre de canon pour lad. entrée; appert par mandamus et acquit. . . . . 4 escus. N° 189

A maistre Mathieu Greuter, talheur en talhie douce (1), la somme de

---

(1) Mathieu Greuter, est un graveur encore peu connu, quoique, d'après M. Natalis Rondot (*Revue de l'Art français*, 1884, n° 1, p. 8), il ait montré une habileté peu commune. Il naquit à Strasbourg en 1566, travailla dans cette ville dès 1586, ainsi qu'à Lyon et à Rome, où il est mort en 1638 (Cf. Baglione, *Le Vite de' pittori*, p. 398). De 1601 à 1603, il paraît avoir partagé son temps entre Avignon et Lyon. En 1601, en effet, le P. Valadier lui confie le soin de graver les 14 planches qui ornent le *Labyrinthe royal*; voici du reste comment il s'en explique dans son *Avant-propos* : Les instances de la reine et de Jérôme de Gondi « firent resoudre lesd. sieurs consuls de se mettre quant et quant en devoir de fournir aux despens des planches de taille douce et se servir fort a propos de la commodité qui s'estoit presentée tout a point, d'un certain alemand, excellent graveur abhordé naguieres en cette ville, a autre occasion. » Greuter signa de ce fait une première quittance de quarante écus, le 19 mars 1601. (Archives communales d'Avignon, CC, *Comptes, pièces justificatives*, 1600-1601, n° 302), et une seconde de 18 écus le 16 avril suivant (*Idem, ibidem*, n° 313. Cf. encore le compte de 1601, fol. 37 v°). Le 22 février 1602, il était à Lyon, où il servait de parrain à la fille de M° Claude de Cléron (Natalis Rondot, *ibidem*). En 1603, il travaillait à Avignon, pour la confrérie du Pont-St-Bénézet à une image signée et datée par lui, dont il existe un exemplaire dans le fonds de l'archevéché d'Avignon, aux archives départementales de Vaucluse (Duhamel, *Revue de l'Art français*, 1884, n° 3, p. 42). Enfin, en 1604 il était à Rome (Natalis Rondot, *loc. cit.*). Son œuvre fut assez importante : le cabinet des estampes de la Bibliothèque Nationale possède en effet 91 de ses gravures. La planche de son image pour la confrérie du Pont-St-Bénézet a été regravée plus tard par Louis David. On ignorait jusqu'ici qu'il y eut de conservés des cuivres gravés par cet artiste, lorsque dernièrement j'ai eu la bonne fortune de rencontrer et d'acheter pour le Musée de la ville d'Avignon, un cuivre qui a servi à l'illustration du *Labyrinthe royal* : c'est l'original de la planche qui représente le double trophée dressé à la première porte du ravelin de St-Lazare, figuré p. 39 et décrit p. 41 et suiv. Actuellement c'est le seul cuivre que l'on connaisse de Mathieu Greuter.

quarante escus a luy accordés par le conseil tenu le dernier de febvrier, suivant le marché faict avec luy par Pere André Valandyere de l'ordre des Jhesuistes, pour imprimer lad. entrée ; appert de lad. somme par mandamus et acquit. . . . . 40 escus. N° 302.

. . . .

Pour toutes les parties cy devant dictes :   1.396 escus 57 solz 9 deniers(1).

(1) Je dois en terminant remercier publiquement mon excellent confrère et ami M. Duhamel, qui a singulièrement facilité ma tâche en me fournissant la copie de presque tous les documents qui m'intéressaient pour mon étude.

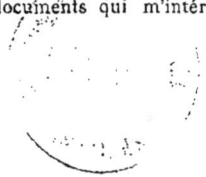

AVIGNON. — IMPRIMERIE SEGUIN FRÈRES.

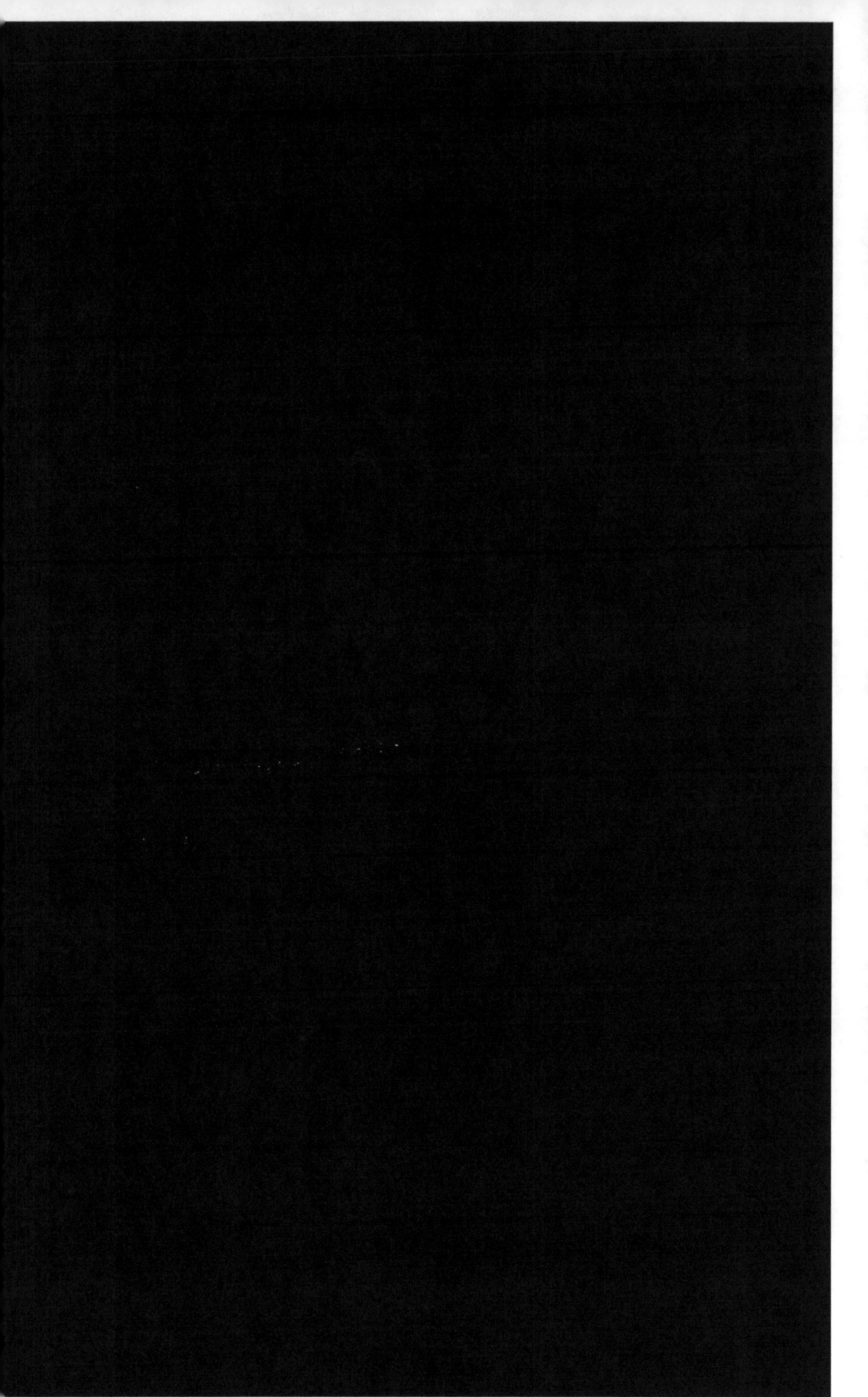

DU MÊME AUTEUR.

Inventaire sommaire des Archives municipales de Verdun, antérieures à 1790, en collaboration avec M. J. Vernier. — *Verdun, impr. Laurent,* 1891, in-4°. Prix : 15 fr.

Étude sur l'organisation municipale de la ville de Verdun (XIIe-XVIe siècle). — *Verdun, impr. Laurent,* 1861, in-4°. Prix : 3 fr. 50.

Esprit Calvet et le XVIIIe siècle à Avignon. — *Avignon, Seguin frères,* 1892, in-8°. Prix : 1 fr.

Histoire de Beauvais et de ses institutions municipales jusqu'au commencement du XVe siècle. — *Paris, Imprimerie Nationale,* 1892, in-8°. Prix : 7 fr. 50.
Ouvrage couronné par l'Institut (Académie des Inscriptions et Belles-Lettres).

Catalogue sommaire des Manuscrits de la Bibliothèque d'Avignon (Musée-Calvet). — *Avignon, Seguin frères,* 1892, in-8°. Prix : 7 fr. 50.

Le Cérémonial romain de Jacques Cajetan. Les données historiques qu'il renferme (Extrait de la *Bibliothèque de l'École des Chartes*). — *Paris, A. Picard et fils,* 1893, in-8°. Prix : 1 fr. 50.

Inventaire sommaire des Archives hospitalières de Verdun, antérieures à 1790. — *Sous presse.*

La Charité à Verdun : étude sur les établissements hospitaliers de cette ville. — *Sous presse.*

www.ingramcontent.com/pod-product-compliance
Lightning Source LLC
Chambersburg PA
CBHW060524210326
41520CB00015B/4300